APPLICATION

DU

FROTTEMENT DE ROULEMENT

AUX

BOITES ET FUSÉES D'ESSIEUX

DES

VÉHICULES DES CHEMINS DE FER

(Extrait de l'*Annuaire* 1857 de la Société des anciens élèves des écoles d'arts et métiers.)

ÉTAT DE LA QUESTION

Les exigences du bien-être des voyageurs, l'extension incessante et rapide du trafic, et l'accroissement du mouvement des trains, qui en est la suite, ont obligé les compagnies de chemins de fer à élever, de plus en plus, le poids et le tonnage des véhicules.

Les conséquences d'un pareil fait sont nombreuses; entre autres, il faut citer :

1° Une résistance à la traction de plus en plus considérable;

2° La difficulté toujours croissante des manœuvres des véhicules dans les gares, et celle de l'entretien des fusées et des boîtes d'essieux.

1857

Elles se résument toutes par l'*élévation du prix de revient du transport.*

Des trois principales résistances qui s'opposent au mouvement des wagons, la plus grande, et la seule qui s'affecte directement de l'augmentation du poids à traîner, est la résistance due au frottement des essieux dans les boîtes.

Ce serait donc rendre un service important aux chemins de fer, que de trouver un moyen simple et facilement applicable de diminuer notablement cette résistance.

Or, le moyen existe; on le trouve dans l'application du principe connu en mécanique sous le nom de *frottement de roulement,*

Toute la difficulté consiste à opérer, par un procédé satisfaisant, la transformation, dans les boîtes d'essieux, du frottement *de glissement* de la fusée sur le coussinet, en un frottement de roulement complet.

Un essai de boîtes d'essieux établies sur ce principe a été fait par mes soins aux chemins de fer de l'Ouest, sur un parcours total *de trois mille deux cent soixante kilomètres, du premier mai au dix-neuf juillet dernier.*

Les résultats n'ont pas tous été positifs ; mais il en est resté acquis aujourd'hui :

1° Que l'application du principe de frottement de roulement aux boîtes d'essieux de wagons, *est possible* (le parcours ci-dessus en est la preuve.)

2° Qu'elle atténuerait, dans une étonnante proportion, la résistance due au frottement des fusées d'essieux dans leurs boîtes.

A l'égard des résultats négatifs ou peu satisfaisants, une observation attentive m'a mis à même d'en préciser les causes et de les faire disparaître.

Mon point de départ a été une connaissance approfondie, tant des boîtes employées actuellement, que des divers systèmes proposés à plusieurs reprises pour les remplacer. Les études spéciales auxquelles je me suis livré sur ces éléments ne m'ont pas seulement permis de constater la qualité et les défauts des uns et des autres ; elles m'ont, en outre, amené à découvrir les règles, peu connues jusqu'à présent, du calcul des organes du frottement de roulement.

Ces règles une fois découvertes, le problème était à moitié résolu, et il m'a été, dès lors, facile d'établir un nouveau système de boîtes d'essieux à frottement de roulement, se graissant à l'huile, système dans lequel les résultats positifs acquis sont conservés et améliorés, et tous les résultats négatifs, évités.

La question des boîtes d'essieux s'est trouvée posée du jour où l'on a vu dépassée la limite trouvée par Wood, pour le maximum de charge que doit supporter chaque centimètre carré des surfaces frottantes en contact, supportant la charge.

Cette limite était 6k,33 par chaque centimètre carré. (Claudel, formules p. 555.)

La charge supportée actuellement par les surfaces frottantes des fusées et des boîtes d'essieux des véhicules construits pour la nouvelle Compagnie de l'Ouest, est, pour chaque centimètre carré, de 17 kilogrammes, c'est-à-dire près de trois fois plus grande que ne le comporte le maximum de Wood.

Aussi le chauffage des boîtes et des fusées d'essieux est-il de plus en plus fréquent.

En présence des inconvénients graves résultant d'un pareil état de choses, il est permis de dire que la question, au double point de vue de l'état général du matériel roulant et de l'abaissement des prix de transport, acquiert une haute importance.

Le grand nombre de systèmes proposés depuis quelque temps aux compagnies des chemins de fer, en vue de résoudre cette question capitale, montre combien la solution en est reconnue urgente. J'ajoute que, pour ma part, le désir d'y contribuer efficacement et de participer ainsi à une œuvre d'utilité générale, a été mon premier mobile dans l'étude du projet que je viens présenter à mon tour.

PREMIÈRE PARTIE.

DES BOÎTES D'ESSIEUX GÉNÉRALEMENT EMPLOYÉES AUX CHEMINS DE FER,

On peut dire, *à priori*, qu'un train ou un wagon en marche sur un chemin de fer est tiré sur un champ horizontal suivant une ligne droite.

Dans ce cas, les résistances qui s'opposent au mouvement sont :

1° Le frottement des essieux dans les boîtes ;

2° Le frottement des roues sur les rails ;

3° La résistance de l'air.

La présente Étude traite spécialement de la condition des organes dans lesquels se produit la première de ces résistances, qui est aussi la plus importante.

La résistance due au frottement des essieux dans les boîtes, est produite par le frottement de la partie de l'essieu nommée fusée, qui tourne en glissant sur un coussinet en bronze placé dans l'intérieur des boîtes d'essieux ; elle est exprimée par :

Calcul de la résistance des essieux dans les boîtes.

$$R = P f \frac{d}{D}$$

R,   *Résistance que le frottement des essieux oppose directement à la traction qui sollicite le wagon.*

P,   *Pression des fusées sur les boîtes.*

d,   Diamètre de la fusée des essieux.

D,   Diamètre des roues.

f,   Coefficient du frottement de glissement.

Quand le graissage se fait très-bien et d'une manière continue, le coefficient descend jusqu'à 0,06 et 0,05 (Guide du mécanicien, p. 42).

On voit, par la formule ci-dessus, que la résistance est en raison directe du poids, du coefficient et du rapport du diamètre de la fusée à celle de la roue.

Il y a donc avantage, pour un poids donné à traîner sur des roues d'un diamètre déterminé, à diminuer le plus possible, soit le coefficient du frottement, soit le diamètre des fusées d'essieux.

Section des
fusées. C'est par cette raison que le diamètre des fusées est, en général, déterminé le plus faible possible. On considère chaque bout d'essieu, en dehors des roues, comme un solide encastré dans le moyeu de la roue, à la partie de l'essieu appelée *portée de calage*, et devant supporter un poids donné, à une distance du point d'encastrement égale à celle qui existe entre ce point et le milieu de la fusée.

On a obtenu de cette manière des fusées dont la section représente les 0,38 de la section de calage, pour les essieux de l'ancienne compagnie de l'Ouest, et les 0,44 de ladite section, pour les essieux de la nouvelle compagnie.

Ce changement brusque de section nécessitant d'ailleurs, dans la fabrication des essieux, l'enlèvement autour de la fusée de toutes les fibres extérieures du fer de l'essieu, il en résulte que les conditions de résistance de la fusée se trouvent doublement atteintes.

Aussi les 0,9 des ruptures d'essieux ont-elles lieu à la fusée.

Il y aurait donc avantage à donner à la fusée une section plus grande, si ce n'était l'augmentation de résistance à la traction qui en résulte.

Un autre inconvénient des fusées actuelles d'essieux,
dont le type a été pris à tort sur les collets d'axe adop-
tés en mécanique pour machines, arbres de transmission de mouvement, etc., c'est la résistance produite
par les collets qui terminent les fusées, lorsque, dans
les mouvements de lacet, ou par l'effet de la force centrifuge développée dans les courbes, ces collets viennent
frotter latéralement sur le coussinet de la boîte. Cette
résistance, reproduite à chaque instant pendant la marche, mérite qu'on en tienne compte.

Conçues, de même que les fusées, d'après un type
d'analogie imparfaite, qui a été le palier des arbres de
transmission ou de machines, les boîtes d'essieux se composent d'un corps en fonte en deux parties, l'une ren-
fermant un coussinet en bronze sur lequel se fait le
frottement, l'autre servant de chapeau (*fig.* 1, Pl. VII).

Les conditions à remplir à l'égard des boîtes d'essieux
étant autres que celles des paliers pris pour type, il est
résulté de cette construction similaire, divers inconvénients que nous allons signaler.

Outre le frottement latéral des collets signalés plus
haut, frottement qui, dans la plupart des applications
mécaniques, est nul, il faut constater une difficulté très-
grande pour le graissage.

En effet, le plus généralement, dans les paliers de
machines, arbres de transmission, etc., la pression de
l'axe sur le coussinet ayant lieu en dessous, l'huile
versée par-dessus descend naturellement, par son seul
poids, sur la partie qu'il importe le plus de lubrifier.

Dans les boîtes d'essieux, c'est le contraire qui a lieu :
la pression de la fusée sur le coussinet se fait toujours
en dessus, précisément là où l'huile ne pourrait séjourner, chassée qu'elle serait immédiatement de cette
partie de la surface en contact, par son poids et par
la pression.

On a donc été forcé, jusque dans ces derniers temps,

de renoncer à l'huile, et d'employer, pour le graissage des boîtes d'essieux, un corps gras solide, que la chaleur développée par le frottement liquéfie au fur et à mesure de la marche.

(Depuis quelque temps, plusieurs moyens mécaniques ont été proposés pour arriver à rendre possible le graissage à l'huile; il en sera question dans la deuxième partie de cette Etude.)

Inconvénients du graissage à la graisse.
De cet emploi d'un corps solide pour le graissage, résultent plusieurs inconvénients, savoir :

1° L'emploi de la graisse nécessite, pour agir, précisément ce qu'il importerait d'éviter, je veux dire l'échauffement des boîtes, de telle sorte que si le point de fusion de la graisse est trop élevé, la température de la fusée s'élevant rapidement, toute la graisse se fond à la fois et se perd ; si la fusée ne s'échauffe pas assez pour se lubrifier, la résistance à la traction augmente.

2° La température ambiante variant beaucoup de l'été à l'hiver, le point de fusion de la graisse devrait varier comme elle : faute de pouvoir suivre cette variation exactement, il arrive qu'aux époques des premières chaleurs et des premiers froids, le nombre des chauffages de boîtes et de fusées d'essieux augmente sensiblement.

3° La graisse qui séjourne dans les boîtes et que le frottement n'absorbe pas, doit être renouvelée souvent parce qu'elle durcit en vieillissant, c'est-à dire que son point de fusion s'élève trop, par suite des actions chimiques qui s'exercent entre les diverses substances qui la composent.

4° Enfin, le coefficient d'un frottement lubrifié à la graisse est sensiblement plus élevé que celui d'un frottement lubrifié à l'huile.

Chauffage des boîtes et des fusées.
Le résultat sommaire de ces inconvénients est toujours : chauffage fréquent des boîtes; grippage des coussinets de boîtes et des fusées d'essieux, occasionnant quelquefois leur rupture ; augmentation de traction ; enfin,

retards dans la marche des trains, perturbation dans le service, causes d'accidents, etc.

Le chauffage des boîtes et fusées d'essieux a encore d'autres causes :

1° Le manque de graisse dans les boîtes, résultant, soit de l'oubli, soit de la fusion complète de celle contenue dans la boîte qui s'est écoulée.

2° L'introduction entre les surfaces frottantes de corps durs, tels que des grains de sable soulevés sur la voie, par le mouvement des wagons et des roues, ou introduits dans la boîte avec la graisse, où il s'en trouve souvent de cachés et suspendus.

3° Enfin, sur la fusée, une charge trop grande, et non en rapport avec les surfaces frottantes en contact.

Wood a reconnu, par l'expérience, que cette charge ne devait pas dépasser 6k,33 par chaque centimètre carré des parties de surfaces frottantes qui supportent la charge.

Or, cette limite a été dépassée depuis longtemps par l'augmentation successive de poids et de tonnage des véhicules, résultant de l'accroissement de trafic.

Ces charges sont actuellement, même en prenant pour surface de contact toute celle du coussinet,

de 16 k., pour les fusées de 127/65 des essieux de wagons à six tonnes de chargement,

de 17 k., pour les fusées de 160/80 des essieux de wagons à dix tonnes de chargement.

Aussi on est obligé, pour diminuer les chauffages qui sont de plus en plus fréquents, de multiplier les soins d'entretien de ces organes.

En résumé, les inconvénients signalés i-dessus sont : Résumé.

1° Une section des fusées trop faible par rapport à celle du corps de l'essieu ;

2° Un frottement latéral des collets, susceptible d'être évité ;

3° La nécessité d'un graissage à la graisse, vu l'impossibilité du graissage à l'huile, dans les conditions actuelles des boîtes;

4° Difficulté d'obtenir un point de fusion en rapport exact avec la température extérieure;

5° Perte considérable de graisse, soit par l'échauffement des boîtes, soit par le renouvellement obligé des graisses vieillies;

6° Echauffement de plus en plus fréquent des boîtes par diverses causes;

7° Entretien progressivement coûteux et difficile;

8° Résistance excessive à la traction.

DEUXIÈME PARTIE.

APERÇU DES DIVERS SYSTÈMES DE BOÎTES D'ESSIEUX PROPOSÉS.

Pour obvier aux nombreux inconvénients signalés
dans l'emploi des boîtes d'essieux actuellement employées, un grand nombre de systèmes de boîtes ont été
proposés.

Dans la plupart, l'huile est substituée à la graisse
comme moyen de lubrification ; dans tous, on a pour
but de diminuer la fréquence des chauffages et la résistance à la traction.

On peut diviser les boîtes proposées en trois espèces
différentes :

1° Boîtes où le frottement de la fusée sur les coussi-
sinets de la boîte, repose sur le principe du frottement de glissement, actuellement employé.

Telles sont les boîtes à l'huile du Nord, celle de
M. Wallod, et celle de M. Proust, désignée sous le nom
de *boîte du gendarme.*

2° Boîtes tendant à diminuer la résistance à la traction, par l'emploi de galets montés sur tourillons fixes,
roulant sur la fusée d'essieu.

Dans ces boîtes, le frottement de glissement, quoique
transformé, il est vrai, en frottement de roulement sur
la fusée d'essieu, subsiste aux tourillons des galets sur
lesquels la charge est transportée et divisée.

Telles sont, la boîte à trois galets, de M. Vincent, de
Marseille, essayée sur le chemin de Rouen, en 1852 ou
1853, et celle de M. Pomme, à deux galets, qui vient
d'être essayée sur le chemin du Nord.

3° Enfin, les boîtes où le frottement de glissement est
complétement transformé en un frottement de roulement, par l'application autour de la fusée, de rouleaux
mobiles obéissant parfaitement aux deux mouvements
imprimés par la fusée en tournant, c'est-à-dire roulant
à la fois sur eux-mêmes et autour de la fusée d'essieu.
Les rouleaux sont séparés les uns des autres, de manière
que les deux génératrices les plus rapprochées de deux
rouleaux consécutifs ne puissent jamais se toucher.

Telles sont, la boîte essayée sur le chemin de Saint-
Germain, il y a environ douze ans, et dont un spécimen
existe encore au magasin central ; celle qui vient d'être
essayée pendant l'année 1856, sous un wagon de l'ancienne compagnie de l'Ouest, sur un parcours de 3,260
kilomètres.

Boîtes à l'huile
du Nord.
Pl. VII,
Fig. 2. Les premières ont atteint, dans une certaine mesure,
le but qu'on s'était proposé ; aussi celles du Nord com-
mencent à être employées sur une assez grande échelle.
Le moyen employé pour graisser à l'huile consiste dans
une espèce de brosse ou éponge de laine en forme de
coussinet, placée dans le dessous de boîte qui contient
l'huile, laquelle est amenée sur la fusée par l'inter-
médiaire de nombreuses mèches de lampe fixées à la
brosse, et trempant dans l'huile du dessous de boîte.
L'huile monte à la fusée en vertu du principe de la capil-
larité.

Dessous de
boîtes de
M. Vallod.
Pl. VII,
Fig. 3. Dans les boîtes de M. Vallod, le moyen consiste à ajouter aux boîtes ordinaires, un dessous de boîte formant
réservoir pour l'huile qui est amenée sur la fusée par
un galet monté sur un levier qu'un contre-poids fait
s'appuyer sur la fusée. Ce galet, immergé dans l'huile
du dessous de boîte, l'amène sur la fusée aussitôt que
celle-ci, en tournant, fait tourner le galet. Elles ont été

essayées au chemin de Lyon et à celui de l'Ouest : les résultats en ont été assez satifaisants.

Les boîtes de M. Proust, dites *du gendarme*, permettent Boîtes dites *du gendarme*
d'employer pour le graissage la graisse ordinaire ou l'huile. Pl. VII,
Le procédé consiste dans un volume d'eau entourant, dans Fig. 6.
une double enveloppe, toute la partie supérieure d'une
boîte ordinaire, et remplissant le dessous de boîte par
le moyen d'un siphon établissant la communication. Ce
siphon a pour objet de maintenir l'eau du dessous de
boîte au niveau voulu, en la renouvelant à mesure
qu'elle se perd.

La graisse ou l'huile introduite dans la boîte par la
partie supérieure, et tombant dans le dessous de boîte,
reste au-dessus de l'eau, en vertu de la différence de
densité, et baigne la fusée. Ces boîtes s'essayent depuis
longtemps au chemin de fer d'Orléans.

En admettant que les divers systèmes de boîtes dont
il vient d'être parlé, aient atteint chacun complétement
le but impliqué dans le principe qui leur a servi de
base, il ne pouvait en résulter encore que des avantages fort restreints, ainsi qu'on peut en juger par leur
énumération.

Les avantages, en effet, consisteraient seulement : Avantages des
1° A diminuer, sans les détruire complétement, les boîtes proposées, de la pre-
causes de chauffage; car il reste toujours au moins le mière espèce.
cas où l'huile (ou la graisse) manquerait dans la boîte,
par suite d'oubli, fuites, ou autrement ;

2° A diminuer un peu le coefficient de frottement, lequel, d'après les expériences de M. Morin, ne peut descendre au-dessous de 0,05, dans les meilleures conditions de graissage.

Dans les boîtes indiquées de deuxième espèce, on par- Boîtes à galets
vient à diminuer d'une manière assez sensible la résis- fixes, système
Vincent.
tance due au frottement des essieux, grâce au petit dia- Pl. VII,
mètre qu'ont pu recevoir les tourillons des galets sur Fig. 5.
lesquels le frottement avait lieu; mais la charge, supportée par une ou deux génératrices seulement des ga-

lets en contact avec la fusée, paraît trop grande et semble dépasser la limite d'élasticité du métal.

Cette charge, pour chaque millimètre de longueur des génératrices en contact, et selon qu'elle se trouverait supportée par un seul ou par deux galets, serait au moins de 10 ou de 20 k. pour les wagons de 6 tonnes de l'ancienne compagnie de l'Ouest, et de 12 ou de 24 k. pour les wagons de 10 tonnes de la nouvelle compagnie.

(Nous verrons plus loin que, pour un bon roulement, cette charge ne doit pas dépasser 2k,50 pour fer roulant sur fer.)

Je ne parle que pour mémoire des chances d'augmentation de chauffage résultant d'un plus grand nombre de tourillons, difficiles à graisser, et de la complication du système.

Boîtes à rouleaux mobiles. Les boîtes de troisième espèce sont les moins nombreuses et ont été fort peu essayées. Je n'en connais, avant cette année, d'autre essai que celui qui a été fait, il y a fort longtemps, sur le chemin de fer de Saint-Germain. J'ai dit plus haut qu'une des boîtes essayées se trouve encore au magasin central de la compagnie.

Cet essai n'a pas réussi du tout ; au premier voyage sur Saint-Germain, il a fallu démonter et enlever les boîtes à moitié chemin.

Anciennes boîtes essayées à St-Germain. — Inconvénients. Il n'est pas nécessaire d'avoir assisté aux expériences; le simple examen de la boîte conservée en fait ressortir l'insuffisance, et démontre l'imminence de l'échec qu'elle a éprouvé. En effet, dans les boîtes dont il s'agit, la transformation du frottement de la fusée en roulement, était produite par six rouleaux de, chacun, 50 millim. de diamètre, tournant autour d'une fusée de 55 millim. de diamètre et de $0^m,100$ millim. de longueur; deux rouleaux au plus supportaient la charge. Les rouleaux étaient maintenus écartés les uns des autres par deux couronnes en tôle, percées, chacune, d'autant de trous que de rouleaux, et dans ces trous tournaient les petits axes des rouleaux existant à leurs extrémités.

Des axes rigides, rivés aux couronnes pour en maintenir l'écartement, étaient placés entre chaque rouleau;
les bouts du gros diamètre de ces derniers prenaient, en
s'arrondissant, la forme des collets de la fusée contre
lesquels ils frottaient.

Dans de pareilles conditions, admettant un poids de
1,300 k. seulement sur chaque fusée, la charge supportée par chaque millimètre de génératrice en contact
était d'au moins 8 k., tandis que le métal, ainsi que je
l'ai déjà dit et qu'on le verra plus loin, ne peut supporter
plus de 2k,50, sans s'user rapidement.

De plus, les collets de la fusée frottant latéralement,
par suite des mouvements de lacet ou de la force centrifuge, contre les bouts arrondis des rouleaux, en gê-
naient singulièrement le roulement, et y occasionnaient,
sur les surfaces, des méplats qui s'opposaient de plus en
plus à un roulement libre.

Les résultats de cet essai ont été tellement mauvais,
qu'il en est resté dans les esprits comme une tendance à
proscrire le système dans son principe même, et à pro-
clamer son application impossible.

Et pourtant, je ne crains pas de l'avancer, l'application *Avantages du frottement de roulement.*
de ce principe, *le frottement de roulement*, présenterait
les plus grands avantages. Dans une pareille application, le coefficient f de la formule citée dans la première

partie (R $= Pf\dfrac{d}{D}$), au lieu d'être 0,05 au minimum,

deviendrait le même que celui des roues sur les rails
c'est-à-dire qu'il descendrait, suivant Wood, à 0,001; et
suivant les auteurs du *Guide du mécanicien*, à 0,002 ou
0,003, pour des roulements de surfaces non polies et non
lubrifiées; en d'autres termes, la résistance se réduirait
aux 0,06; 0,04; 0,02 de ce qu'elle serait avec le frotte-
ment de glissement, c'est-à-dire qu'elle diminuerait *Boîtes à rou-leaux, système Mathieu Chau-four.*
de — 0,94; 0,96; 0,98. *Pl. VII, Fig. 6.*

L'essai qu'il m'a été permis de faire dernièrement
moi-même sur un wagon couvert de l'ancienne compagnie

de l'Ouest, comportait quatre boîtes construites d'après le principe du frottement de roulement. Dans ces boîtes, le nombre des rouleaux avait été augmenté de manière à ce que la charge, par millimètre des génératrices en contact, ne dépassât pas 5k,68 pour un poids de 2,000 k. par fusée, et restât supportée par le quart des rouleaux.

On avait évité l'action latérale des collets de la fusée sur les bouts des rouleaux en protégeant ceux-ci, de chaque côté, par une rondelle en bronze fixée à la boîte, et subissant l'effet du frottement latéral des collets.

Parcours total d'essai.

On a pu ainsi parcourir 3,260 kilom., sans aucun chauffage ni accident, si ce n'est l'usure assez rapide de la fusée d'essieu.

Un pareil résultat démontre évidemment que l'*application du système est possible.*

Ces derniers essais ont duré environ trois mois, du 1er mai au 19 juillet de la présente année.

Les boîtes ont été enlevées le 22 juillet, du wagon couvert 265 sous lequel elles avaient été placées.

Essais comparatifs au dynamomètre.

Pendant ce temps, il a été fait, en dehors du parcours, trois essais comparatifs de traction au dynamomètre, entre le wagon couvert 265, muni des boîtes à rouleaux, et trois autres wagons, munis de boîtes ordinaires.

Les essais de traction ont donné les résultats suivants :

Premier essai comparatif, le 3 juin 1856, entre les deux wagons couverts, 265 et 818, de même modèle, ce dernier muni de boîtes à graisse ordinaires. Chacun de ces wagons, chargé pesait 10,050 k. de poids total.

Diminution considérable à la traction.

La traction moyenne indiquée par le dynamomètre a été :

Pour le 818, de 62k,6 ; soit, par tonne, 6k,25.

Pour le 265, de 35k,65 ; soit, par tonne, 3k,55.

Deuxième essai comparatif, le 12 juin suivant, entre le wagon vide 265, pesant 4,200 k. et la voiture de 3e classe 110, pesant 3,700 k.

La traction moyenne indiquée par le dynamomètre a été :

Pour la voiture 100, de 16k,75 ; soit, par tonne, 4 k,50.

Pour le wagon 265, de 16k,00 ; soit, par tonne, 3 k,80.

Troisième essai comparatif, le 26 juin, entre les deux wagons couverts 265 et 449, pesant, chacun, 10,200 k.

La traction moyenne indiquée par le dynamomètre a été :

Pour le 449, de 66k,20 ; soit, par tonne, 6k,5.

Pour le 265, de 31k,62 ; soit, par tonne, 3k,1.

La moyenne des tractions de ces trois essais est :

Pour les boîtes ordinaires, de 5k,75 par tonne.

Pour les boîtes à rouleaux, de 3k,46 par tonne.

Soit, une différence de traction de 2k,29 par tonne, représentant une économie de 40 0/0 réalisée par les boîtes à rouleaux sur les boîtes ordinaires, et un excès de traction de 66 0/0, des boîtes ordinaires sur celles à rouleaux.

On comprend que ce résultat est déjà très-beau.

Les autres résultats positifs que l'essai a fait connaître sont :

1° L'impossibilité complète de chauffage. En effet, il a été constaté, dans un wagon faisant partie d'un train de voyageurs de Versailles, que, les boîtes à rouleaux dont on l'avait muni étant en bon état et bien lubrifiées, leur température en marche était restée la même qu'en repos ; dans un parcours semblable, mais avec les boîtes complétement sèches, c'est-à-dire les surfaces de frottement roulant à blanc, la température des boîtes ne s'est élevée qu'à 25 et 30 degrés, c'est-à-dire à la température nécessaire aux boîtes ordinaires pour fondre la graisse et se lubrifier. Impossibilité de chauffage.

2° La rondeur parfaite qu'ont conservée tous les organes du roulement, après un parcours de 3,260 k., et malgré une usure des fusées, qui a été pour l'une d'elles de 3mm,25.

Les résultats négatifs ou défectueux ont été :

1° La visite difficile des boîtes et des fusées d'essieux. Inconvénients.
En effet, ces boîtes se divisant en deux parties suivant

2

l'axe de la fusée, les rouleaux qui se trouvaient à la partie supérieure, lorsqu'on démontait le dessous de boîte, tombaient ou s'échappaient, et il était très-difficile de les replacer.

2° Un très-mauvais graissage. Les rouleaux, tournant autour de la fusée et arrivant successivement, sans interruption, à la partie inférieure, devaient, en s'y chargeant de l'huile versée dans le dessous de boîte, la reporter et la diviser uniformément autour de la fusée. Quoique ce moyen mécanique de graissage soit le meilleur que l'on connaisse, il a été constaté que les fusées d'essieux ont roulé à blanc dans les boîtes pendant presque tout leur parcours.

Il y avait pour cela deux causes :

Première cause. Une mauvaise disposition des boîtes ne permettant pas à l'huile de séjourner dans le lit de roulement, dont le niveau inférieur était plus élevé que les réservoirs d'huile, les rouleaux ne s'immergeaient point ; restant ainsi à peu près secs eux-mêmes, ils ne pouvaient apporter d'huile à la fusée, et celle-ci restait sèche à son tour. Le défaut consistait en ce que l'huile versée au départ dans la boîte se trouvait aussitôt chassée hors du lit des rouleaux, par l'excès même de division que les rouleaux produisent, et tombait dans des bassins dont le niveau était inférieur à celui du lit de roulement ; l'huile se perdait promptement, soit du côté des roues par l'essieu, soit par le joint des deux parties superposées de la boîte, soit, enfin, par les trous de boulons des brides de ressorts de suspension fixant le dessous de boîte.

Seconde cause. Le wagon employé pour l'expérience étant le seul, sur tout le réseau, qui se graissât à l'huile, les graisseurs ignoraient la manière de le graisser ; ils manquaient d'ailleurs de l'huile et des outils nécessaires.

Usure des fusées.

3° Enfin, l'usure rapide de la fusée d'essieu. La première fois que les boîtes ont fonctionné sous le wagon couvert 265, les rouleaux, qui étaient en fer, roulaient sur la fusée et sur la partie intérieure en fonte très-douce du corps de boîte.

Après un parcours dans les trains de Versailles, de 12 voyages ou de 276 kilomètres, lorsque, le 21 mars 1856, on a visité les boîtes, il a été reconnu d'abord que les surfaces de roulement n'étaient pas lubrifiées du tout, et que le roulement s'était fait à blanc; ensuite, qu'une assez notable quantité de poussière de fonte, trouvée amassée dans le dessous de boîte, provenait de l'usure du dessus de boîte, dans la partie qui supportait la charge; il n'a pas été possible, cette fois, de préciser l'importance de l'usure ni des rouleaux, ni de la fusée d'essieu.

Examen des organes après un premier parcours de 276 kilomètres

Pour les parcours suivants, les boîtes furent modifiées. Une enveloppe en tôle d'acier, de 2 mill. d'épaisseur, était fixée à la partie intérieure du corps de la boîte, et les rouleaux en fer se trouvaient remplacés par d'autres en acier; les nouveaux rouleaux en acier roulaient alors entre la fusée en fer de l'essieu, et la garniture en tôle d'acier de la boîte.

C'est dans ces nouvelles conditions que les boîtes ont effectué un parcours total de 3,260 kilomètres.

Examen des organes après le parcours total de 3,260 kilomètres.

Enlevées du wagon couvert 265, et examinées avec soin, à la suite de ce parcours, il est résulté de l'examen auquel elles ont été soumises :

1° Que les surfaces roulantes n'étaient pas lubrifiées;

2° Que les surfaces roulantes des rouleaux, et celle de l'enveloppe en acier formant le lit de roulement de la boîte, n'avaient subi aucune usure appréciable. Les rouleaux s'étaient seulement arrondis à leurs extrémités, par suite de leur roulement dans une gorge formée par l'usure sur la fusée d'essieu;

3° Que les fusées d'essieux avaient subi une usure sensible.

A l'égard de ce dernier point, voici les différences constatées dans les diamètres des fusées, qui étaient tous, primitivement, de 0ᵐ,065 mill.

1ʳᵉ Fusée, d'un bout 63ᵐ|ᵐ » ; de l'autre 63 » usure 2ᵐ|ᵐ »
2ᵉ Fusée, id. 62 5 id. 63 » id. 2 25
3ᵉ Fusée, id. 63 » id. 60 5 id. 3 25
4ᵉ Fusée, id. 63 5 id. 62 » id. 2 25
La moyenne de ces quatre usures, est de 2ᵐ|ᵐ 43

L'usure provenait de deux causes :

Première cause. Graissage presque nul, par les raisons que nous en avons données plus haut.

Deuxième cause. Une charge sur la fusée, plus grande qu'elle ne la pouvait supporter sans altération des surfaces.

Cette charge était de 5k,68 par chaque millimètre des génératrices en contact, en supposant une charge totale de 2,000 k. par chaque boîte. (C'est la charge maximum des fusées sous les wagons de 6 tonnes de chargement de l'ancienne compagnie de l'Ouest.)

Il reste maintenant à résumer, suivant leurs caractères *positifs* ou *négatifs*, les divers résultats que l'on vient de voir, afin d'établir le compte général par *actif* et *passif*, si l'on peut ainsi dire, de toutes les espèces de boîtes que nous avons examinées.

Résumé des avantages et des inconvénients.

RÉSULTATS POSITIFS.

1° *Boîtes actuellement employées.* — Construction simple, peu coûteuse ; entretien facile.

2° *Boîtes proposées jusqu'ici.* — Emploi de l'huile pour lubrifier les surfaces frottantes.

3° *Boîtes à rouleaux.* — Économie considérable à la traction. — Impossibilité de chauffage. — Conservation des formes rondes des surfaces de roulement.

RÉSULTATS NÉGATIFS.

1° *Boîtes employées.* — Section des fusées trop faible. — Résistance considérable à la traction. — Frottements latéraux des collets. — Lubrification des surfaces par un corps gras solide. — Chauffage fréquent.

2° *Boîtes proposées*. — Section des fusées trop faible. — Diminution peu sensible de la résistance à la traction. — Frottements latéraux des collets. — Difficulté de conserver l'huile sur les surfaces frottantes. — Visite difficile.

3° *Boîtes à rouleaux*. — Section des fusées trop faible. — Frottements latéraux des collets. — Difficulté de conserver l'huile sur les surfaces frottantes. — Visite difficile. — Usure notable sous une charge dépassant le maximum de 2k,50 par millimètre de génératrice en contact portant la charge. — Changement fréquent des boîtes nécessité par l'usure à la partie supérieure. — Emploi de métaux coûteux. — Usure inégale des fusées sur leur longueur.

TROISIÈME PARTIE.

ÉTUDE D'UN SYSTÈME NOUVEAU DE BOÎTES D'ESSIEUX, A FROTTEMENT DE ROULEMENT.

Pl. VII, Fig. 7.
De l'étude approfondie qui précède, étude à laquelle je dois la connaissance parfaite des qualités et des défauts des diverses espèces de boîtes d'essieux employées ou proposées jusqu'à ce jour; des nouvelles recherches auxquelles je me suis livré dans ces derniers temps, il résulte pour moi la certitude que j'ai résolu le problème de l'application du frottement de roulement aux voitures et wagons des chemins de fer, en imaginant le nouveau système de boîtes dont l'étude va suivre.

Cette troisième partie a pour objet, en exposant d'une manière aussi complète que possible l'ensemble du système, d'en faire ressortir les avantages définitifs, et notamment de montrer comment, tout en évitant les résultats négatifs sortis des tentatives précédentes, il est appelé à conserver la totalité des résultats positifs, et même à les améliorer.

On a pu voir que les résultats négatifs provenaient :

1° Du défaut de règles fixes pour déterminer les dimensions des organes, en raison d'un travail donné ;

2° De la mauvaise disposition des boîtes et fusées d'essieux.

Ayant à combattre ces deux causes d'insuccès, je com-

mencerai par établir les règles fixes du calcul des organes du frottement que je veux employer ; je présenterai
ensuite les conditions d'une disposition meilleure dans
la construction des boîtes.

RÈGLES DU CALCUL DES ORGANES DU FROTTEMENT.

Dans l'application du principe du frottement de roulement que j'ai adopté, les fusées d'essieux tourneront dans
une garniture de rouleaux libres, séparés entre eux de
manière à ne jamais se toucher dans leurs révolutions.
Sollicités par le mouvement de la fusée, les rouleaux
rouleront entre elle et la circonférence intérieure de la
boîte, à la fois sur eux-mêmes et autour de la fusée
d'essieu.

Calcul des dimensions.

L'étude des fonctions de ces organes conduit aux
règles générales suivantes :

En désignant par :

R, le rayon intérieur de la boîte ou de la coquille,

r, le rayon de la fusée d'essieu,

r', le rayon des rouleaux,

n, le nombre de tours de la fusée,

n', le nombre de tours des rouleaux,

C, c, c', les chemins parcourus en *fonction* des surfaces,
de la boîte, de la fusée, des rouleaux,

Et donnant à ces lettres, pour l'application des calculs
qui vont suivre, les valeurs suivantes :

$R = 0^m, 058$ dont la circonférence est $0^m, 3644$

$r = 0, 045$ *id.* *id.* $0, 2827$

$r' = 0, 0065$ *id.* *id.* $0, 0408$

Calcul des vitesses.

1° *Le chemin développé par la fusée en roulant sur un
des rouleaux, est égal au chemin développé par le rouleau
sur lui-même, et à celui développé par un des rouleaux sur
la coquille :*

$$c = c' = C = 2\,\pi\,r'\ n' = 0,0408 \times n'.$$

2° *Le chemin total parcouru par la fusée, dans le temps
qu'un rouleau emploie à faire un tour, est égal au chemin
développé par elle en roulant sur un des rouleaux, plus la*

quantité de l'arc dont s'est avancé le rouleau dans le même temps, par son mouvement de translation rapporté à la fusée, arc que nous désignerons par x, *et dont la valeur est :* $x = \dfrac{2\pi r'r}{R} = 0{,}3167$ *par chaque tour de rouleau.*

$$2\pi r' + x = \frac{2\pi r'r}{R} = 2\pi r' \left(1 + \frac{r}{R}\right) = 0{,}07246$$

3° Le chemin total parcouru par la fusée pendant un nombre de tours n' *des rouleaux, est égal au chemin développé par un des rouleaux pendant ce même nombre de tours* n', *plus l'arc de la fusée correspondant à celui de la coquille parcouru par le rouleau dans le même nombre de tours* n' :

$$2\pi r'n' + \frac{2\pi r'n' \times r}{R} = 2\pi r'n' \left(1 + \frac{r}{R}\right) = 0{,}07246 \times n'$$

4° Le nombre de tours d'un des rouleaux sur lui-même, pendant que la fusée fait un tour, est égal à la circonférence de la fusée, divisée par le chemin total parcouru par elle pendant que le rouleau fait un tour :

$$\frac{2\pi r}{2\pi r' + \dfrac{2\pi r'r}{R}} = \frac{r}{r'\left(1 + \dfrac{r}{R}\right)} = 3^{\text{tours}}{,}9$$

5° Le développement d'un des rouleaux pendant que la fusée fait un tour, est égal au nombre de tours du rouleau multiplié par sa circonférence :

$$\frac{r}{r'\left(1 + \dfrac{r}{R}\right)} \times 2\pi r' = \frac{2\pi r}{1 + \dfrac{r}{R}} = 0^{\text{m}}{,}159$$

6° Pendant un tour de la fusée, la quantité dont s'est avancé un des rouleaux sur cette fusée, est égale au développement d'un des rouleaux, multiplié par le rapport des rayons de la fusée et de la coquille :

$$\frac{2\pi r}{1 + \dfrac{r}{R}} \times \frac{r}{R} = \frac{2\pi r^2}{R + r} = 0^{\text{m}}{,}123$$

7° Le nombre de tours de l'axe d'un des rouleaux autour de l'axe de l'essieu, dans son mouvement de translation, pendant que la fusée fait un tour, est égal à la quantité dont s'est avancé un des rouleaux sur cette fusée pendant un tour, divisé par la circonférence de la fusée :

$$\frac{2\pi r^2}{R+r} : 2\pi r = \frac{r}{R+r} = 0,43$$

8° Le rapport de la vitesse des rouleaux avec celle de la fusée, est égal au développement des rouleaux, divisé par la circonférence de la fusée.

$$\frac{2\pi r}{1+\frac{r}{R}} : 2\pi r = \frac{R}{R+r} = 0,56$$

En appliquant les règles ci-dessus à une boîte d'essieu dont les organes auraient les dimensions que nous avons données plus haut, cette boîte étant supposée placée sous un wagon marchant à une vitesse de 40 k. à l'heure, nous aurons pour les vitesses des organes du roulement par seconde :

Nombre de tours des fusées = 3,538
Nombre de tours des rouleaux sur eux-mêmes = 13,80
Nombre de tours des rouleaux autour de l'axe de l'essieu = 1,52
Chemin parcouru par un point de la circonférence de la fusée = 1,00
Chemin correspondant parcouru par un point de la circonférence d'un des rouleaux. = 0,562

REMARQUE. — Dans l'application des rouleaux au mouvement sur des surfaces planes, la vitesse à la circonférence du rouleau est toujours moitié de celle du corps qui se meut sur lui ; dans l'application du rouleau entre deux cylindres concentriques, cette vitesse, sans jamais pouvoir atteindre celle de la fusée, ni descendre à la moitié, varie entre ces deux limites, et est en raison inverse du rapport des rayons des deux circonférences concentriques.

Il y a donc avantage, pour diminuer la vitesse des rouleaux, à leur donner le plus petit diamètre possible.

La limite de ce diamètre, c'est la résistance du métal.

Calcul de la résistance due au frottement des essieux dans les boîtes.

La résistance à la traction est toujours exprimée par :

$$P f \frac{d}{D} ;$$

mais la valeur du coefficient f, qui ne peut descendre au-dessous de 0,05 pour le frottement de glissement, descend, suivant Wood, à 0,001, et suivant MM. Lechatellier et Flachat, à 0,003 et 0,002 pour le frottement de roulement. (*Guide du mécanicien*, p. 43.)

En prenant ces coefficients et faisant P = 8,000 kilog, poids sur les quatre fusées d'un wagon de six tonnes de l'ancienne compagnie de l'Ouest,

$$d = 0^m,065$$
$$D = 1 \text{ mètre,}$$

la résistance due au frottement des essieux, qui serait, pour un frottement de glissement, de 26 k., devient, pour un frottement de roulement, 1k,56; 1k,04; 0k,52, selon qu'on prend pour coefficient 0,003; 0,002; 0,001. C'est-à-dire les 0,06; 0,04; 0,02 du frottement de glissement, ce qui diminue la résistance de 0,94; 0,96; 0,98.

Il suit de là que pour les frottements de roulement, on peut augmenter à volonté le diamètre de la fusée d, jusqu'à le rendre égal au diamètre du corps de l'essieu, sans que la résistance à la traction en soit sensiblement modifiée.

Ainsi, en faisant dans la formule qui précède $d =$ 0,090, nous aurons pour la valeur de cette résistance 2k,16; 1k,44; 0k,72, ce qui représente encore, sur la résistance due au frottement de glissement, une diminution des 0,92; 0,94; 0,975.

Il résulte des essais comparatifs de traction au dynamomètre, des boîtes essayées, que la résistance due au frottement des fusées d'essieux dans les boîtes, a été, pour la moyenne des tractions, de 0k,310 par tonne, au lieu de 2k,600, donnés par le calcul de cette résistance pour le frottement de glissement, soit une diminution de 0,90.

La longueur des rouleaux est déterminée par la for-mule :

Calcul de la longueur des rouleaux pour une charge donnée

$$ L = \frac{P}{\frac{n}{4} f} $$

dans laquelle :

L représente la longueur à donner aux rouleaux,

P, la charge sur une fusée,

$\frac{n}{4}$, le nombre de rouleaux supportant la charge,

f, le coefficient de résistance moléculaire du métal, ou la charge que peut supporter, sans altération du métal, chaque millimètre des génératrices en contact portant la charge totale.

La valeur de f, pour le fer roulant sur fer et sur fonte, a été donnée par l'expérience de paliers à rouleaux ayant fonctionné pendant deux années sur un arbre d'une scie circulaire de un mètre de diamètre, absorbant un travail mécanique de six chevaux.

Dans ces paliers, les rouleaux en fer, roulant entre les portées de l'arbre en fer de la scie, et la fonte douce et non trempée des paliers, ont fonctionné, pendant deux ans, sans qu'il se soit produit d'usure appréciable.

Le calcul de la charge des rouleaux a donné pour le cas ci-dessus 2k,5 par millimètre de génératrice de contact.

En donnant, donc, à f, dans la formule précédente, une valeur inférieure à 2k,5, et en supposant la charge sup-portée par le quart seulement des rouleaux, on sera tou-jours assuré d'un bon roulement des surfaces, et l'on se trouvera dans de bonnes conditions.

Si, donc, nous faisons :

$$P = 2000 \text{ kilog},$$
$$f = 1^{\text{kil}}, 66,$$
$$n = 24,$$

nous aurons pour longueur des rouleaux :

$$L = 0^m, 200.$$

Les règles générales qui précèdent, peuvent servir à déterminer, dans tous les cas, les dimensions, les vitesses et les résistances des organes du roulement d'une boîte d'essieu placée dans des conditions données.

CONDITIONS QU'EXIGE LA BONNE DISPOSITION DES BOÎTES.

C'est en cherchant les causes des résultats négatifs inhérents à la disposition des boîtes ou des fusées d'essieux, que l'on arrive à distinguer les vices de cette disposition, et qu'on peut ensuite les éviter.

Je vais donc énumérer ces causes, en indiquant, à la suite de chacune, les moyens propres à les faire disparaître.

1° *Une section de fusée trop petite par rapport au corps de l'essieu, d'où résulte la rupture fréquente des fusées.*

Augmentation de la section des fusées, par rapport à la portée de calage.

Nous avons vu précédemment (3e partie, p. 26) que nous pouvons donner aux fusées une section égale à celle du corps de l'essieu, sans pour cela que la résistance à la traction soit sensiblement modifiée.

Pour ne gêner en rien la fabrication de la rainure de la clavette ménagée à la portée de calage, nous nous bornerons à donner à la fusée un rayon égal à la portée de calage, moins la profondeur de la clavette.

On obtient de cette manière :

Pour la section à donner aux fusées d'essieux de wagons de 6 tonnes, les 0,72 de la section de la portée de calage, au lieu des 0,38 qu'elles ont actuellement.

Pour celle des essieux de wagons de 10 tonnes, les

0,70 de la portée de calage, au lieu des 0,44 qu'elles ont
actuellement.

La conséquence évidente de l'augmentation de section est la suppression des ruptures de fusées occasion-
nées par la faiblesse de leur section.

2° *Frottement latéral des collets, développé par les mouvements de lacets et la force centrifuge dans les courbes.*

J'ai évité ce frottement d'une manière presque complète, en remplaçant les collets, qui se trouvent ainsi
supprimés, par un pivot en acier placé au centre de
chaque bout d'essieu, et s'appuyant, par l'effet des
efforts désignés, chaque fois que ces efforts se produisent, sur une crapaudine fixée dans le fond de la boîte
d'essieu. *Remplacement des collets par un pivot.*

Des glissières ordinaires, venues de fonte sur le corps
de la boîte et s'emmanchant dans les plaques de garde,
maintiennent, comme dans les boîtes ordinaires, la soli-
darité entre les essieux, les boîtes et les wagons.

3° *Nécessité d'employer un corps gras solide pour lubrifier les surfaces, ou impossibilité de conserver l'huile sur
les surfaces frottantes.*

L'huile étant substituée à la graisse pour lubrifier les
surfaces frottantes, il s'agit d'empêcher sa déperdition,
et de l'amener constamment et uniformément sur les surfaces frottantes en contact, dans la partie où s'exerce
la pression. *Graissage à l'huile.*

Remarquons que l'huile introduite dans les boîtes ordinaires s'échappe par le joint horizontal du dessus au
dessous de boîte, par les trous des boulons et par le
corps de l'essieu. *Suppression complète des causes de déperdition.*

Pour éviter les deux premières causes de déperdition,
je supprime, dans la nouvelle boîte, le joint horizontal
et les trous de boulons qui communiquaient avec l'intérieur de la boîte. J'y parviens en faisant le corps de la
boîte cylindrique, d'une seule pièce, et s'emmanchant
sur l'essieu par un bout, tandis que l'autre bout est *Par les joints*

fermé par un fond en fonte, fixé à la boîte par trois boulons ou goujons extérieurs. Le joint vertical de ces deux
parties se fera d'une manière aussi facile que peu coûteuse, au moyen d'un fil de plomb entourant les deux
couronnes tournées. Ce fil, une fois aplati entre les
couronnes par le serrage des écrous, produira un joint
parfait.

Par le corps
de l'essieu.
Quant à la déperdition par le corps de l'essieu, j'emploie, pour y remédier, trois moyens qui, s'ils n'agissent
pas d'une façon directe et aussi radicale que celui que
l'on vient de voir, atteignent néanmoins complétement le
but. Ces moyens, d'une extrême simplicité, consistent
à opposer à l'huile une succession d'obstacles qui, au
nombre de cinq, et tous bien appropriés à leur objet,
constituent finalement, à l'égard de l'huile en mouvement, une barrière infranchissable.

Le premier moyen consiste, lorsqu'on tourne l'essieu,
à ménager dans la partie comprise entre la portée de
calage et la fusée, mais plus rapprochées de celle-ci,
deux arêtes circulaires formant une saillie de un ou
deux millimètres.

Le second moyen, c'est de poser sur la même partie
de l'essieu, à la suite des deux arêtes, une pièce en
fonte ayant la forme d'un fer à cheval, avec gorge sur
son épaisseur, dans la partie en contact avec l'essieu,
sur lequel elle s'appuie par son poids, sans tourner avec
lui. Cette pièce, pour résister ainsi au mouvement de
rotation de l'essieu, est retenue par un goujon s'enga-
geant librement dans un trou situé à la partie supérieure de la boîte.

Le troisième moyen, enfin, consiste en un cuir embouti, fixé à l'extrémité de la boîte, du côté de la
roue, et formant lèvre sur l'essieu.

Il semble difficile de ne pas admettre la complète effi-
cacité de ces cinq obstacles réunis, quand on observe
qu'à la rigueur un seul suffirait peut-être.

En effet, l'huile glissant sur l'essieu rencontre la pre-

mière arête, contre laquelle elle s'amasse, et d'où elle
retombe dans un réservoir *ad hoc ;* celle qui surmonte-
rait ce premier obstacle, s'amasserait contre la deuxième
arête pour retomber de même ; au delà du second obstacle, elle serait arrêtée par le fer à cheval et la saillie intérieure ; enfin, contre toute probabilité, une petite quantité d'huile parvînt-elle à franchir les quatre
premiers obstacles, la lèvre en cuir embouti qui complète le joint, l'arrêterait définitivement, dût même ce
qui ne peut guère arriver, le niveau s'élever au-dessus du rebord du bassin intérieur.

Il reste encore à amener l'huile sur les parties supé-
rieures frottantes en contact, aux points où la pression
s'exerce.

Distribution
de l'huile sur
les surfaces
frottantes.

Les rouleaux remplissent surabondamment cet of-
fice, car une seule goutte versée sur la fusée ou sur un
des rouleaux, est immédiatement et également divisée
sur les surfaces de la fusée, des rouleaux et de la coquille, et cela dans quelques tours seulement de la fusée. Dans les conditions qui nous ont servi à faire le
calcul des vitesses des organes, il passerait, par seconde,
dans l'huile rassemblée à la partie inférieure 36,5
rouleaux, qui viendraient autant de fois lubrifier toutes
les parties de la fusée et de la boîte. Il suffit, pour assu-
rer le succès d'une pareille manœuvre, que l'huile
reste toujours amassée en quantité suffisante dans la
partie de la boîte où roulent les rouleaux.

J'ai pourvu à ce besoin en ménageant à chaque bout
de la boîte un réservoir d'huile, carré par sa base, et
ayant sa partie inférieure de niveau avec la partie cor-
respondante du lit des rouleaux.

Les réservoirs sont séparés du lit de roulement par
deux rebords protégeant les extrémités des rouleaux,
et formant les cloisons latérales du lit de roulement.
L'huile communique avec ce dernier, au moyen de six
trous de 7 mill. percés à la partie inférieure de chaque
cloison.

Grâce à ce procédé, la fusée peut être considérée comme roulant constamment dans l'huile que contient la boîte; quant à l'huile que le mouvement des rouleaux tend à chasser le long de l'essieu vers son extrémité, la forme conique du bout de l'essieu et du pivot la fait arriver entre le pivot et sa crapaudine, qu'elle lubrifie, tout en retombant dans le réservoir du fond de boîte.

Ainsi qu'on vient de le voir, l'huile étant sans cesse ramenée sur les surfaces frottantes en contact, et ne pouvant plus désormais subir de déperdition, on comprend qu'une petite quantité d'huile dans chaque boîte suffit pour lubrifier pendant longtemps tous les organes du roulement des boîtes, ainsi que le pivot.

On peut, sans exagération, estimer que la quantité d'huile susceptible d'être contenue dans les boîtes et dans les deux bassins, sans craindre de déperdition (environ 300 grammes par wagon), alimentera pendant un mois, au moins, le service du roulement continu des essieux dans les boîtes.

4° Visite difficile des surfaces du frottement.

Facilité de la visite.

Cet inconvénient disparaît de lui-même par le fait seul du mode de construction adopté pour les boîtes, tel qu'il a été indiqué plus haut (page 29, 3ᵐᵉ partie). Savoir: un corps de boîte cylindrique d'une seule pièce, s'emmanchant par un bout sur l'essieu.

Pour visiter les surfaces de frottement, il suffit, en effet, de relever le wagon, de manière que les plaques de garde échappent les glissières de la boîte, et l'on peut ensuite retirer cette dernière de l'essieu, sans avoir à démonter aucune partie de la boîte, ni à desserrer un seul boulon.

5° Usure notable des surfaces de roulement.

Suppression de l'usage des rouleaux et des fusées. 34

D'après ce qui a été dit précédemment, lorsqu'il s'est agi de déterminer les dimensions des organes et de répartir la charge sur les surfaces, la charge, qui, selon les calculs faits, peut être sans inconvénient portée jusqu'à 2ᵏ,50 par millimètre carré de génératrice supportant a charge, mais qui avait atteint 5ᵏ,68 et 8ᵏ, dans les premières boîtes essayées, cette charge, dans le nouveau modèle, ne dépassant pas 1k,66, on comprend qu'il ne saurait y avoir d'usure à redouter.

6° *Usure à la partie supérieure des boîtes, rendant leur remplacement fréquent.*

S'il est vrai que, par le fait, l'usure ne se manifeste pas d'une manière sensible, cependant il faut bien reconnaître qu'en fin de compte, toute surface qui frotte doit finir par s'user. Conséquemment la surface de la boîte formant le lit de roulement et supportant toute la charge à sa partie supérieure, sur un quart seulement de sa circonférence, cette partie, qui ne change jamais de position, devra certainement, après un temps plus ou moins long, subir un certain degré d'usure, qu'elle manifestera en s'ovalisant. Il y aurait donc lieu, dans ce cas, de remplacer la boîte, ce qui serait un inconvénient.

Suppression de l'usure à la Partie supérieure des boîtes.

Pour éviter ce remplacement, qui pourrait devenir coûteux, on garnira l'intérieur de la boîte d'une coquille mobile en fonte ou en fer, tournée extérieurement pour s'emboîter exactement dans le corps de la boîte, et intérieurement, pour former le lit de roulement.

Cette coquille peut, par surcroît de précaution, être trempée.

L'usure se reproduisant dans la mesure qui ne se peut éviter, il est facile, en tournant quatre fois, au moins, la coquille, d'un quart de tour chaque fois, de représenter à l'usure, successivement, quatre surfaces nouvelles avant de remplacer la coquille.

Il n'est pas nécessaire d'ajouter que de cette manière, le corps de boîte n'a plus besoin d'être changé qu'en cas d'accident occasionnant la rupture.

7° *Emploi de métaux coûteux, tels que bronze et acier fondu.*

Le nouveau système de construction proposé (*fig. 8*) n'exigeant plus l'emploi de ces métaux coûteux, nous devons naturellement les supprimer.

Les rondelles ou coussinets en bronze, sur lesquels se

3

faisait le frottement des collets de la fusée, ont disparu avec ces collets.

Les rouleaux et la coquille en acier fondu sont devenus inutiles, par suite de l'abaissement de la charge que ces organes sont appelés à supporter.

Si, plus tard, l'abaissement du prix de l'acier en rendait l'emploi peu coûteux, on pourrait, en l'adoptant, diminuer encore les dimensions des organes, et, par suite, le volume et le poids de la boîte et de l'essieu, ce qui serait un avantage de plus.

Il n'y a, en acier fondu, dans la boîte dont le dessin est ci-joint, que le pivot et sa crapaudine, pesant, ensemble, 0k,328 gr.

8° *Les fusées peuvent s'user inégalement sur leur longueur.*

Cela a eu lieu, en effet, sur trois fusées des quatre

Égale répartition de la charge.

sur lesquelles ont été essayées les boîtes à rouleaux. Le fait (*voir* p. 20), provient soit de la trop grande rigidité des boîtes avec les ressorts de suspension, soit de la flexion inégale des ressorts de suspension, produite par un chargement mal réparti, un montage des ressorts de suspension mal fait, ou même par l'effet du mouvement du wagon, ou la flexion de l'essieu.

On évitera complétement l'inconvénient dont il s'agit, par l'emploi des brides de suspension adoptées sur le chemin de fer du Nord. Ces brides permettent une légère oscillation du ressort sur le milieu de la longueur de la boîte et de la fusée, tout en répartissant mieux la charge sur toute la longueur de la fusée.

Unique inconvénient du système nouveau

Le seul reproche qu'on puisse faire à la boîte que je propose (*fig.* 7), c'est de nécessiter le changement des essieux existants, pour appliquer ce système au matériel actuel.

Mais cet inconvénient est celui que l'on rencontre presque toujours, quand il s'agit d'appliquer un principe nouveau, changeant les conditions des choses présentes.

La difficulté, après tout, se résout en une première dépense, ou plutôt en une simple avance, qu'auront promptement couverte les économies considérables de coke, d'huile et d'entretien, que doit apporter dans le service général des chemins de fer l'introduction du système dont il s'agit.

En résumant cette troisième partie, établissons, par résultats positifs et négatifs, le compte balancé du système de boîtes qui nous occupe.

RÉSULTATS POSITIFS.

1° Économie sur la résistance à la traction produite par le frottement des fusées d'essieux dans les boîtes, d'au moins 0,92; 0,94; 0,98.

Résumé des avantages et des inconvénients.

2° Impossibilité absolue de chauffage, même dans le cas où les fusées marcheraient à blanc.

3° Conservation des formes rondes des surfaces de roulement.

4° Suppression des chances de rupture des fusées, ayant pour cause leur faible section.

5° Suppression des frottements latéraux des collets.

6° Substitution très-économique de l'huile à la graisse pour lubrifier les surfaces frottantes; impossibilité complète de déperdition de l'huile; lubrification uniforme et constante des surfaces en contact supportant la charge.

7° Visite et entretien des boîtes et des fusées, rendus très-faciles.

8° Suppression complète de l'usure pouvant altérer les surfaces frottantes.

9° Conservation du corps de la boîte par l'application d'une coquille en fonte ou en fer trempé, pouvant offrir à l'usure, successivement, selon qu'on lui fait opposer au frottement telle ou telle de ses parties, quatre surfaces nouvelles, au moins, avant qu'il soit nécessaire de la changer.

10° Emploi, pour la fabrication, des métaux les moins coûteux, tels que la fonte et le fer.

11° Répartition parfaitement égale de la pression sur toute la longueur des surfaces qui la supportent.

RÉSULTATS NÉGATIFS,

1° Nécessité de changer les essieux pour l'application du système au matériel existant.

De ce qui précède résulte, je l'espère, la solution du problème que je m'étais proposé, à savoir :

Rendre possible, simple et avantageuse, d'une part, la transformation du frottement de glissement en un frottement de roulement, et, d'autre part, l'application de ce principe aux boîtes et fusées d'essieux du matériel des chemins de fer.

Il me reste, pour terminer, à examiner le système de boîtes proposées, au point de vue de la fabrication, du prix de revient de ces boîtes, et de celui de leur application à un des wagons existants.

Fabrication. 1° *Fabrication.* — Le seul travail à faire pour l'ajustage des parties en fonte de ces boîtes, consiste en un simple travail de tour, d'une exécution facile et très-peu coûteuse.

Pour la fabrication des rouleaux, on emploie du fer rond en barres, non tourné, passé à froid à la filière, afin d'avoir des diamètres bien égaux. Les barres sont ensuite coupées de longueur à la cisaille, et les bouts formés à la fraise.

Les auxiliaires en tôle, servant à maintenir l'écartement des rouleaux entre eux, sont enlevés à l'emporte-pièce, dans de la tôle d'épaisseur.

Les trois boulons ou goujons qui fixent le fond à la boîte sont goupillés derrière l'écrou.

Les tourillons de la bride du ressort de suspension sont fixés à la boîte par deux petites brides à l'œil, en-

trant dans un trou d'oreillons venus de fonte avec la
boîte, et goupillées.

2° *Prix de revient d'une boîte.* — La facilité de l'exécution permet d'appliquer au devis les prix suivants :

Prix
de revient.

Fonte ouvrée, les 100 kil. . . . . 70 fr.
Fer des rouleaux et intermédiaires. . . . . . 100 fr.

DEVIS.

Corps de la boîte.	15 kil. . . .	
Coquille.	5	630
Fond de la boîte.	5	»
	25 kil. 630	
A 70 fr. les 100 kil.		17 fr. 94
Goujons et écrous en fer, 1 fr. le kil.	0 kil. 500	0 50
Rouleau et intermédiaires, id.	5 242	5 242
TOTAL.	31 kil. 372	23 fr. 682

*Prix de revient de l'application complète des nouvelles
boîtes à un wagon existant :*

DEVIS.

Remplacement de deux essieux : 366 kil., à 1 fr.	366 fr.	» c.
4 boîtes, à 25 fr. l'une.	100	»
8 mains de ressorts : 100 kil., à 60 fr.	60	»
Soit.	526 fr.	» c.
A déduire : Valeur des matières remplacées :		
2 essieux remplacés : 350 kil. à 25 fr. le 0/0	87 fr.	50 c.
4 boîtes à graisse : 80 à 18 id	14	40
4 coussinets en bronze : 10 à 200 id	20	»
8 mains de suspension : 56 à 18 id	9	08
Soit.	130 fr.	98 c.
Reste pour le prix de revient.	395 fr.	» c.

Les détails déjà trop nombreux que l'on vient de lire,
et l'étendue considérable qu'a prise leur développement,
me font un devoir d'arrêter ici cette étude. Je n'en-
treprendrai donc point d'énumérer les conséquences uti-
les qu'entraînera l'application de mon système de boîtes
au matériel roulant des chemins de fer. Je me conten-

terai de faire remarquer : 1° qu'une semblable application résoudrait, au moins en grande partie, le problème
si intéressant du *poids mort* et du *poids utile*, en permettant d'augmenter les dimensions des véhicules, dans
les proportions que réclament de plus en plus l'accroissement rapide du trafic et les exigences du bien-être
des voyageurs ; 2° que la puissance des chemins de fer
serait doublée par l'économie de traction qui en résulte.

L'application des boîtes d'essieux à frottement de
roulement de ce dernier système vient d'être faite à un
wagon à marchandises de six tonnes de chargement,
lequel est en service depuis le commencement de dé-
cembre 1856.

Je donnerai dans le prochain Annuaire les résultats
des expériences qui auront été faites.

Paris, le 22 janvier 1857.

J.-B. VIDARD,

Chef du matériel roulant de l'ancienne compagnie du chemin
de fer de l'Ouest.
Inspecteur du matériel de la nouvelle compagnie des chemins
de fer de l'Ouest.

Pl. 7.

Figure 1.

Figure 2.me

Figure 3.me

Figure 4.me

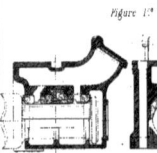
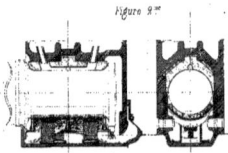
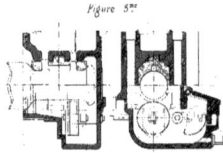
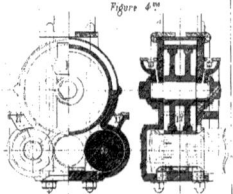

Figure 5.me

Figure 6.me

Figure 7.me

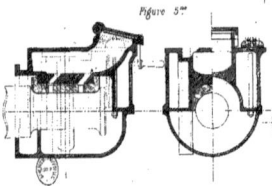
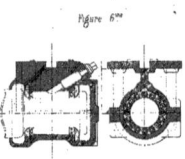
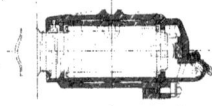
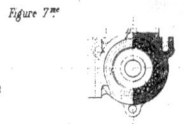

www.ingramcontent.com/pod-product-compliance
Lightning Source LLC
Chambersburg PA
CBHW071437200326
41520CB00014B/3733